# Introduction

This book is about The Puppeteer's Cosmic Puzzle, a novel deck of 48 playing cards related to the standard deck of 52 in use throughout the world today. Suits in the Puzzle deck graphically answer the 6 little questions how many, why, who, what, when, and where.

*Ce livre s'agit du Puzzle Cosmique du Marionnettiste, un nouveau jeu de 48 cartes basé sur le jeu standard de 52 utilisé aujourd'hui à travers le monde. Les couleurs dans le système répondent graphiquement aux 6 petites questions: combien, pourquoi, qui, quoi, quand, et où.*

The Puppeteer represents nature at work, and the natural order. With that, plus some abbreviation, approximation, and time-honored convention, a playing-card microcosm can be pieced together. Ancient symbols for the planets, the zodiac, and others help to indicate cosmic phenomena that can be verified by naked eye observations.

*Le Marionnettiste représente la nature au travail, et l'ordre naturel. Avec cela, plus une abréviation, approximation et convention séculaire, un microcosme carte de jeu peut être reconstitué. Anciens symboles pour les planètes, zodiaque, et d'autres aident à comprendre des phénomènes cosmiques qui peuvent être vérifiés par des observations à l'œil nu.*

Big Answers to Little Questions is a stand-alone activity and coloring book that includes some card games. All the cards are pictured, named, and explained. The front cover shows the Puppeteer surrounded by the 36 cards in the 6 suits mentioned. The back cover shows the Puppeteer's Eye in Hand surrounded by 2 more suits that depict the 12 constellations of the ecliptic.

*Grandes Réponses aux Petites Questions est un livre à colorier qui comprend des jeux de cartes et d'autres activités. Toutes les cartes sont représentées, nommées et expliquées. La couverture montre le Marionnettiste entouré par les 36 cartes dans les 6 couleurs mentionnées. La couverture arrière montre l'oeil dans la main du Marionnettiste entouré de 2 autres couleurs qui représentent les 12 constellations de l'écliptique.*

This book and the unique playing card puzzle that it's about are archived in the Playing Card Museum of France in Issy-les-Moulineaux.

*Ce livre et les cartes sont archivés dans le Musée Français de la Carte à Jouer.*

# Couleurs

✋ *Combien?*

☯ *Porquoi?*

⭕ *Qui?*

🔺 *Quoi?*

✸ *Quand?*

☆ *Où?*

♒ *l'écliptique*

# Jeux

Matrix

**不是**

Solitaire

Combien?

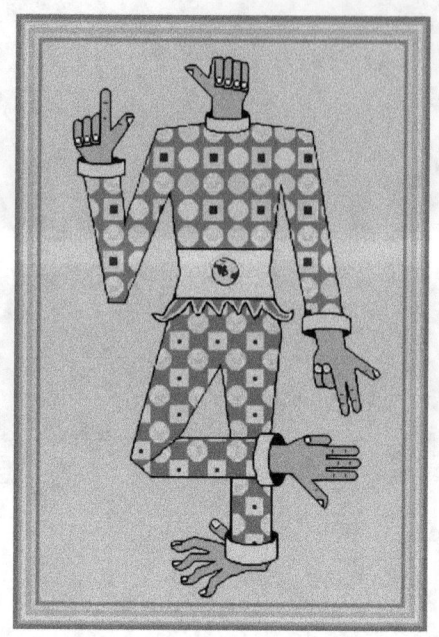

# Le Main du Marionnettiste

The *Puppeteer* is a fanciful construct with a celestial aspect. On the one hand, great at finger counting. On the other hand, imagine this one-eyed Joker keeping the world in order, such as it is, by playing the right card at the right time, or juggling the planets to keep them in their proper orbits.

*Le Marionnettiste est une construction fantaisiste avec un aspect céleste. D'une part, un maître du comptage des doigts. D'autre part, imaginez ce Joker borgne tenir le monde en ordre, tel qu'il est, en jouant la bonne carte au bon moment, ou jongler avec les planètes pour les garder dans leurs orbites normales.*

Or simply imagine this extraordinary puppeteer playing with puppets; with shoes and a life sized puppet head on, or working several little hand puppets at once, putting on quite a show.

*Ou encore, imaginez tout simplement ce marionnettiste extraordinaire jouer avec des marionnettes; avec des chaussures et une tête de marionnette grandeur nature, ou travailler plusieurs petites marionnettes à main à la fois, en mettant tout un spectacle.*

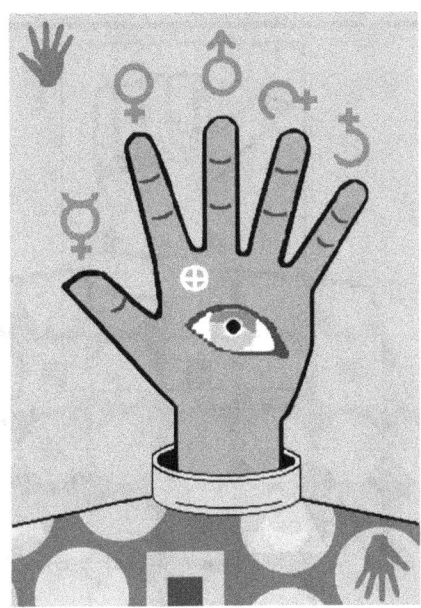

The *Eye in Hand* represents the earth, moon, and sun surrounded by the five planets visible to the naked eye. Fingers represent the planets in order of their apparent speed relative to the fixed stars, fastest to slowest, left to right: thumb/1st/Mercury, index/2nd/Venus, middle/3rd/Mars, ring/4th/Jupiter, pinky/5th/Saturn.

*L'Oeil en Main représente la terre, la lune et le soleil entourés des cinq planètes visibles à l'œil nu. Les doigts représentent les planètes dans l'ordre de leur vitesse apparente par rapport aux étoiles fixes, du plus rapide au plus lent, de gauche à droite: le pouce / 1er / Mercure, index / 2ème / Vénus, majeur / 3ème / Mars, annulaire / 4 / Jupiter, auriculaire / 5 / Saturne.*

The eye in the hand is the sun totally eclipsed by the new moon. The new moon in silhouette forms the pupil, from the Latin "pupilla", for the "little doll" or "puppet" that you see when you look closely into the pupil of an eye, a tiny reflection of yourself. This is the *Naked Eye* of the Puppeteer, a sort of cosmic person who also represents nature, order, knowledge, and teacher. We are the pupils, the twinkle in the Puppeteer's eye.

*L'œil dans la main est le soleil totalement éclipsée par la nouvelle lune. La nouvelle lune en silhouette forme la pupille, d'après le latin « pupilla », pour la « petite poupée » ou « marionnette » que vous voyez quand vous regardez attentivement dans la pupille d'un œil, un petit reflet de vous-même. Ceci est l'œil nu du Marionnettiste, une sorte de personne cosmique qui représente aussi la nature, l'ordre, la connaissance et le maître. Nous sommes les élèves (pupilles), l'étincelle dans l'œil du Marionnettiste.*

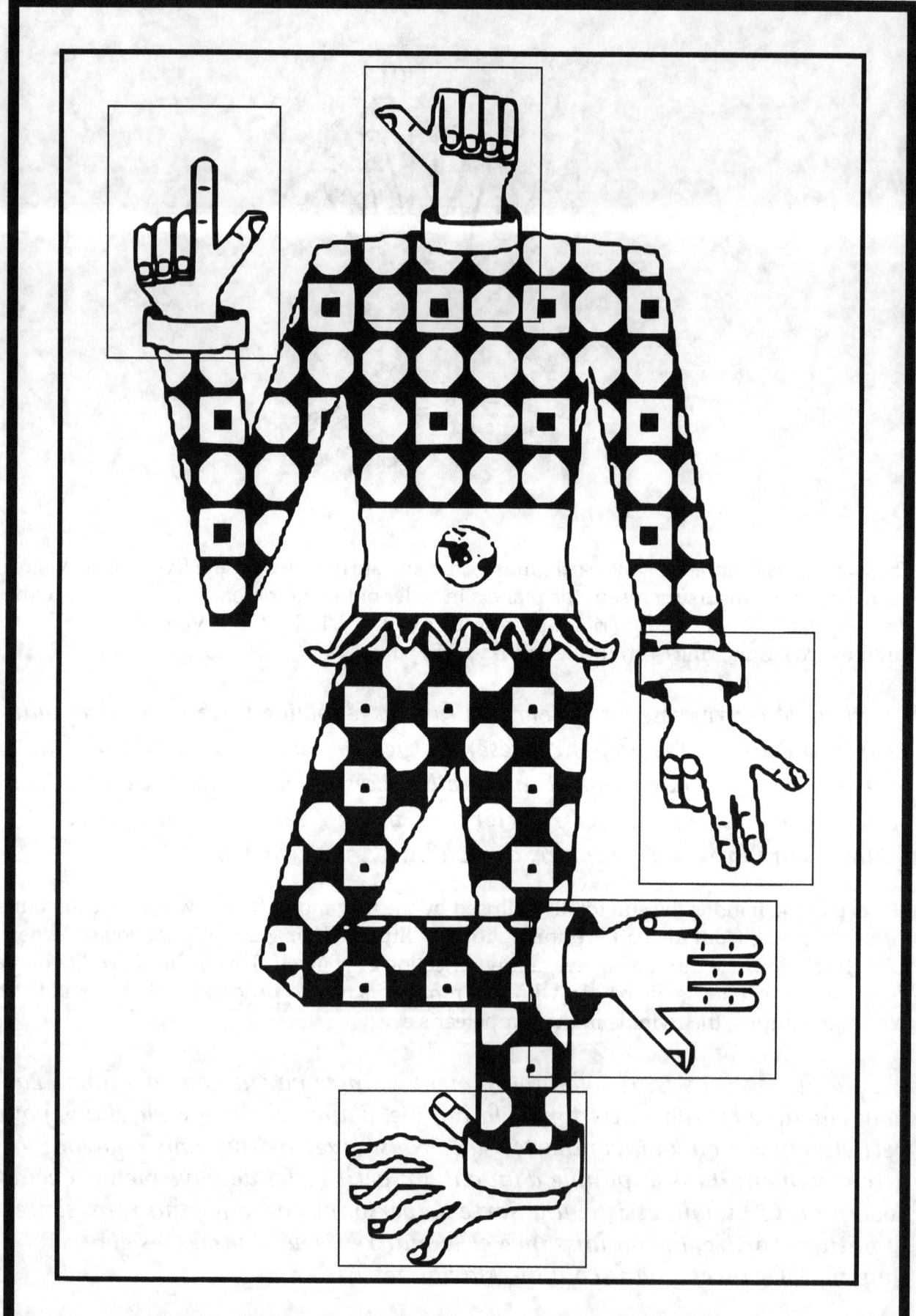

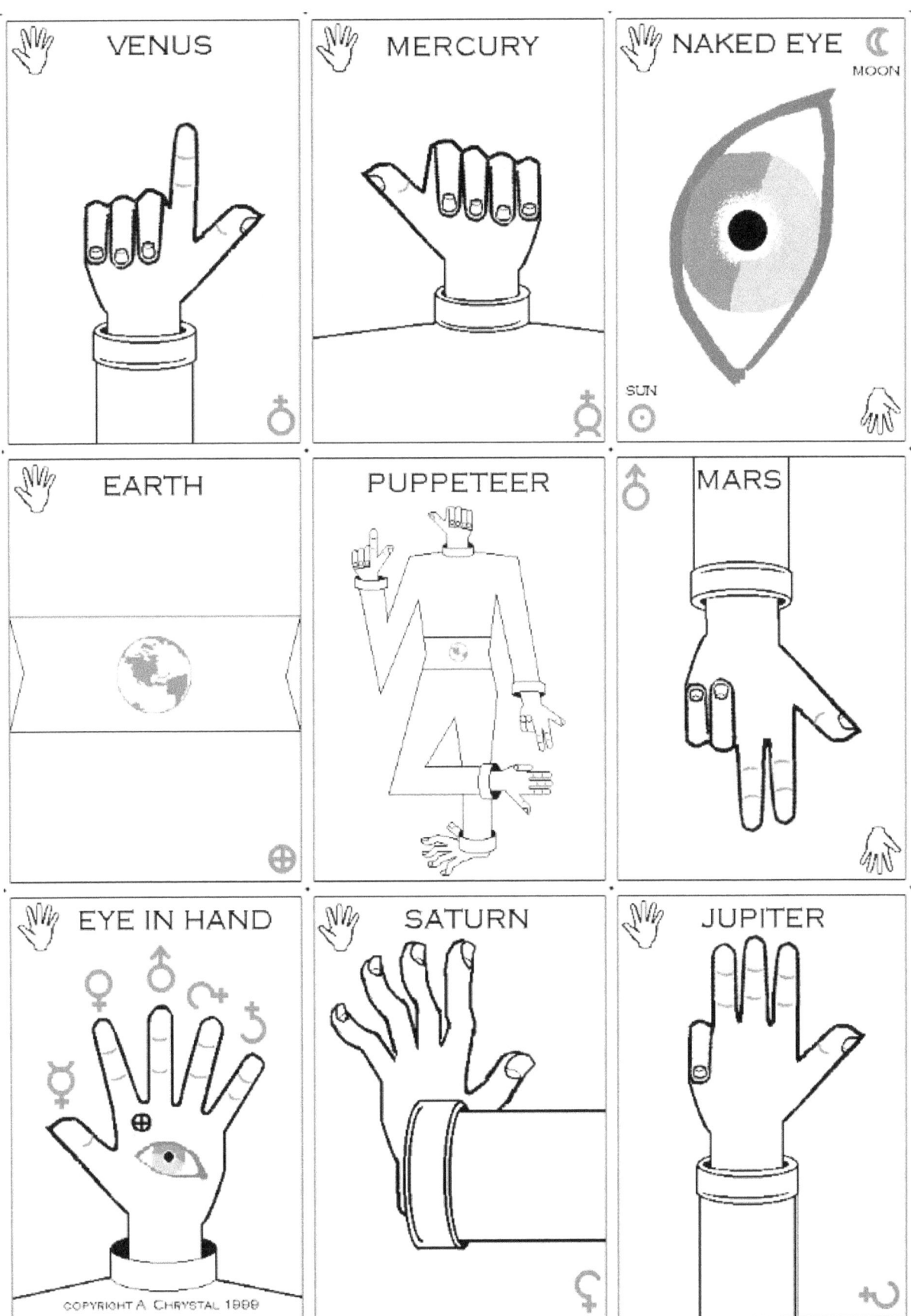

Porquoi?

# Évolution

Because for a long long time exactly the right conditions have existed for us to become conscious of ourselves on this planet full of life, here and now.

*Parce que depuis longtemps, les conditions idéales existent pour que nous prenions conscience de nous-mêmes sur cette planète pleine de vie, ici et maintenant.*

Incorporating the influence of the sun and moon, life as we know it has evolved on land and sea over vast stretches of time.

*Sous l'influence du soleil et de la lune, la vie comme nous la connaissons a évolué sur terre et en mer sur de vastes étendues de temps.*

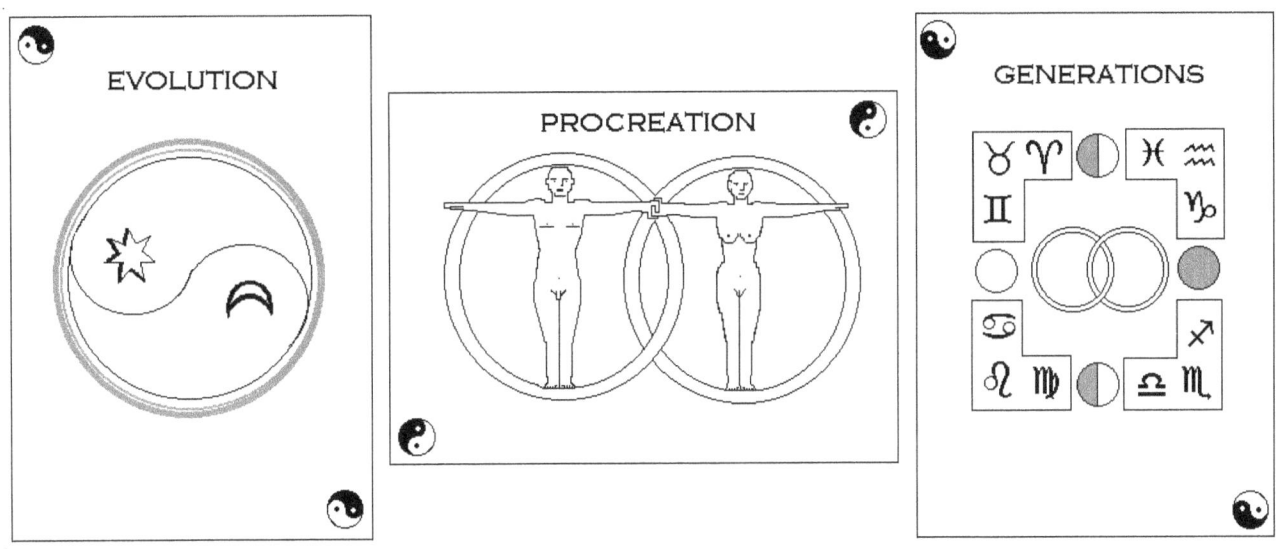

The interlocking rings represent the union of male and female that perpetuates human life by natural reproduction and parenting.

*Les anneaux entrelacés représentent l'union l'homme et la femme qui perpétue la vie humaine par la reproduction naturelle et le rôle parental.*

Time-honored convention associates the life span with the round of seasons and the lunar cycle. To illustrate this association *Generations* positions the moon's quarter phases roughly where the sun appears on the ecliptic at the solstices and equinoxes. Solstices are when the days are shortest or longest. Equinoxes are when days and nights are equal in length.

*Dans la poésie et la littérature, une vie (de la naissance à la mort) a été associée aux phases de la lune, en commençant et se terminant dans l'obscurité, et aussi les saisons d'une année, en commençant et se terminant dans l'obscurité relative des jours courts et les longues nuits d'hiver. Pour illustrer cette association Générations met les phases trimestre de la lune à peu près où le soleil apparaît sur l'écliptique aux solstices et aux équinoxes. Les solstices sont quand les jours sont les plus courts ou plus longs. Les équinoxes sont quand les jours et les nuits sont égaux en longueur.*

Qui?

# Générations

Life goes on generation after generation. A long life is likely to include 4 "hoods": childhood, parenthood, grandparenthood, and greatgrandparenthood. These are associated with 4 weeks in a month and 4 seasons in a year. The beginning and end of a lifetime are associated with the new moon, which is usually hidden in darkness and only revealed during a solar eclipse.

*La vie continue, génération après génération. Une longue durée de vie est susceptible d'inclure 4 phases: l'enfance, les parents, les grand-parents et les arrière-grand-parents. Ceux-ci sont associés à 4 semaines dans un mois et 4 saisons en une année. Le début et la fin d'une vie sont associés à la nouvelle lune, qui est habituellement caché dans l'obscurité et ne se révèle que lors d'une éclipse solaire.*

We all share earth's biosphere, month after month, year after year, as long as we live.

*Nous partageons tous la biosphère de la Terre, mois après mois, année après année, aussi longtemps que nous vivons.*

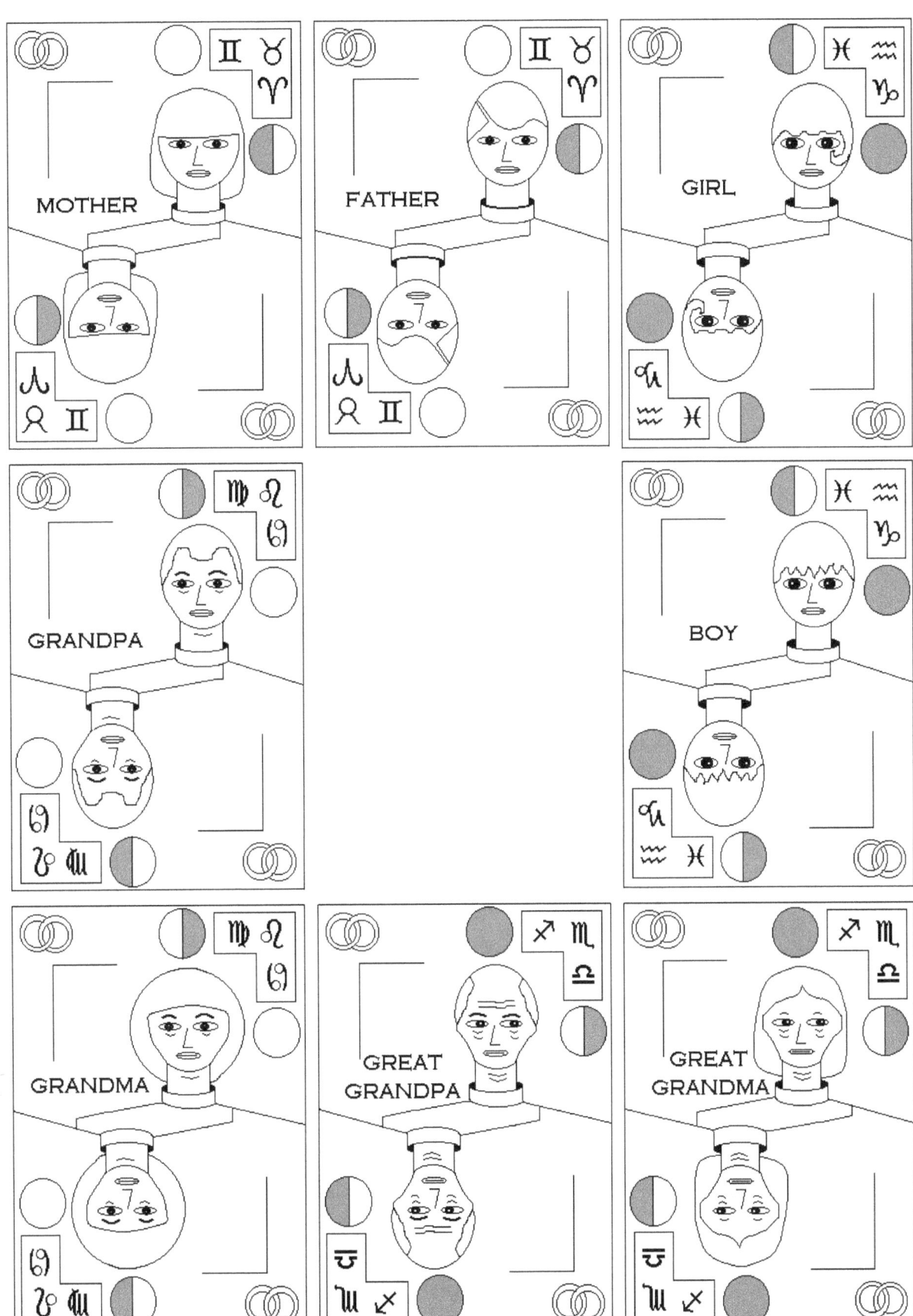

Quoi?

# Éléments

The old theory that all things are made out of the four elements *Earth, Water, Fire,* and *Air* is true enough as far as it goes. Some ancients organized their thinking this way while others proposed an atomic theory.

*La vieille théorie selon laquelle toutes les choses sont faites des quatre éléments, la terre, l'eau, le feu et l'air est assez vrai. Certains anciens ont organisé leur pensée de cette façon alors que d'autres ont proposé une théorie atomique.*

The symbols for the elements used here are from eastern traditions. They are constructed of 1, 2, 3 or 4 circular or straight lines. This order is the basis for associating the elements and other components of the Puzzle such as the 4 seasons, and the 4 generations, as well as the 4 suits in a standard deck of 52 playing cards.

*Les symboles pour les éléments utilisés ici sont des traditions orientales. Ils sont construits de 1, 2, 3 ou 4 lignes circulaires ou droites. Ceci est la base pour associer les 4 éléments et d'autres aspects du puzzle tels que les 4 saisons et les 4 générations, ainsi que les 4 couleurs dans le jeu standard de 52 cartes.*

Note that the Puzzle uses the crescent both as a symbol for the element *Air*, and as a sign for the moon.

*Notez que le puzzle utilise le croissant à la fois en tant que symbole de l'élément, l'air, et comme un signe de la lune. (Ainsi que pour le petit déjeuner.)*

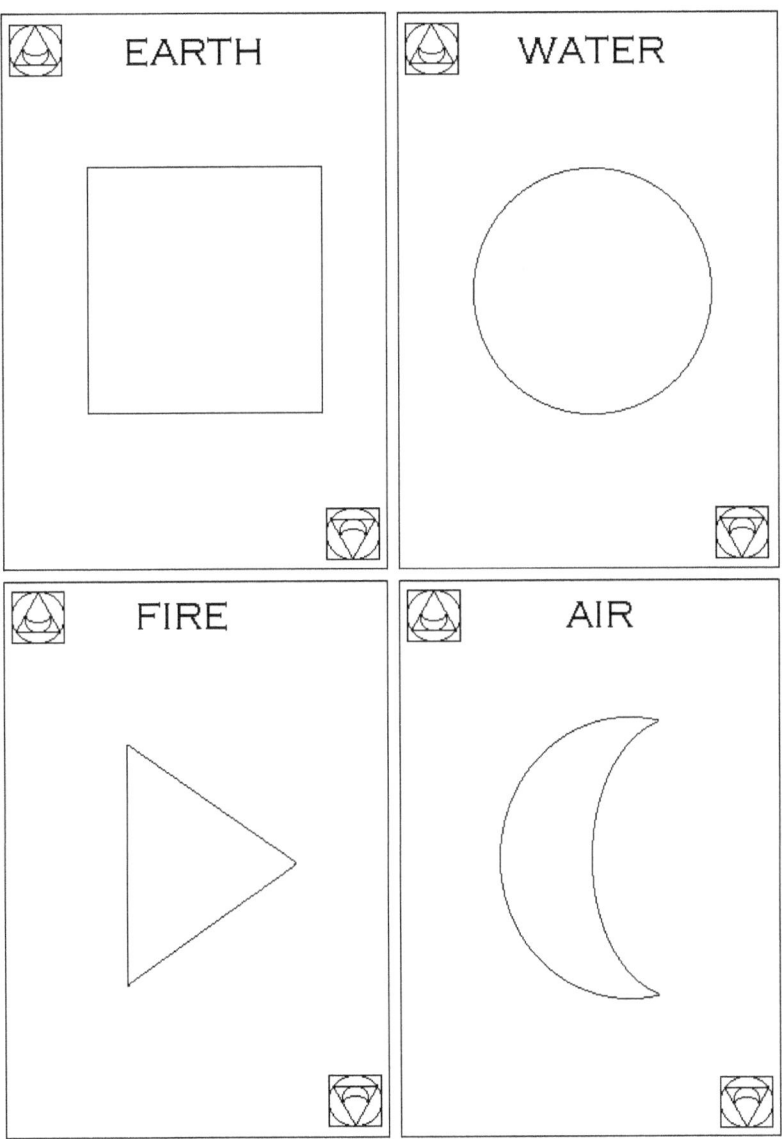

Quand?

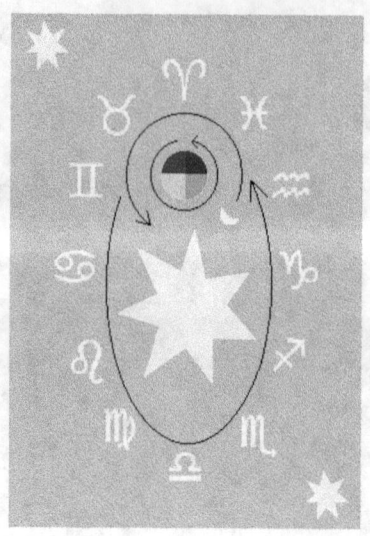

# Calendrier

Everything takes time. When objects move through space at a constant rate the distance traveled is analogous to the time elapsed, like the hands of a mechanical clock. The hour hand of a 24-hour clock mimics the sun's apparent daily motion through the sky.

*Tout prend du temps. Lorsque les objets se déplacent dans l'espace à une vitesse constante, la distance parcourue est analogue au temps écoulé, comme les aiguilles d'une horloge mécanique. L'aiguille des heures d'une horloge de 24 heures par jour imite le mouvement apparent du soleil dans le ciel.*

A few centuries ago it became widely accepted that the apparent motions of the sun and moon are due to the daily rotation of the earth on its axis, the monthly orbit of the moon around the earth, and the yearly orbit of the earth/moon pair around the sun, all turning and spinning in the same direction.

*Il y a quelques siècles, il est devenu largement admis que les mouvements apparents du soleil et la lune sont dues à la rotation quotidienne de la terre sur son axe, l'orbite mensuelle de la lune autour de la terre, et l'orbite annuelle de la terre et la lune autour du soleil, le tout tournant et filant dans la même direction.*

The moon goes through its phases in about 28 days. A quarter of the lunar cycle is about 7 days, one week. The days of the week are associated with the sun, moon, and five planets visible to the naked eye. To order them fastest to slowest by angular velocity (their apparent speed relative to the fixed stars), start with the moon and go counter clockwise skipping every other one: Moon, Mercury, Venus, Sun, Mars, Jupiter, Saturn.

*La lune passe par ses phases en environ 28 jours. Un quart du cycle lunaire est d'environ 7 jours, une semaine. Les jours de la semaine sont associés au soleil, la lune et cinq planètes visibles à l'œil nu. Pour les mettre en ordre du plus rapide au plus lent par la vitesse angulaire (leur vitesse apparente par rapport aux étoiles fixes), commençons par la lune et allons en sens inverse des aiguilles d'une montre, en sautant l'un après l'autre: Lune, Mercure, Vénus, Soleil, Mars, Jupiter, Saturne.*

Lunar and solar cycles are not whole numbers of days in duration. A solar cycle is not a whole number of lunar cycles. The most accurate calendars have 365 days in most years. Another day is still needed every so often to catch the calendar year up with the actual time it takes for the sun to return to the same point on the ecliptic.

*Les cycles lunaires et solaires ne sont pas des nombres entiers de jours dans la durée. Un cycle solaire est un nombre non entier de cycles lunaires. Les calendriers les plus précis ont 365 jours dans la plupart des années. Un jour de plus est encore nécessaire de temps en temps pour rattraper l'année civile avec le temps réel que prend le soleil pour revenir au même point sur l'écliptique.*

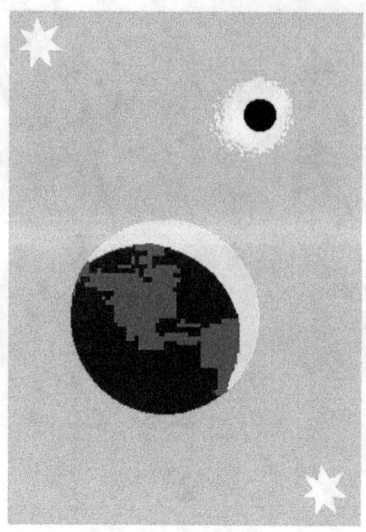

When the apparent sizes of the sun and moon are identical and they intersect perfectly on the ecliptic, the sun's dazzling white corona appears to encircle the new moon. You may see planets and bright stars during the day, and wonderful colors circling the horizon. On earth it can be viewed with the naked eye during totality which may last just a few moments, or more than 7 minutes.

*Lorsque les dimensions apparentes du soleil et la lune sont identiques et ils se croisent parfaitement sur l'écliptique, la couronne blanche éblouissante du soleil semble entourer la nouvelle lune. On peut voir des planètes et des étoiles brillantes pendant la journée, et les couleurs merveilleuses entourant l'horizon. Sur la Terre, il peut être vu à l'œil nu durant la totalité qui peut durer quelques instants, ou plus de 7 minutes.*

The timing and positioning of a total *Solar Eclipse* depends on the combined motions of the moon, the sun, and the earth. Predicting them has been a preoccupation of astronomers for millennia. Total solar eclipses don't repeat neatly in any one earthly location, but often recur after about 54 years, and about 1000 kilometers west of one in the same Saros series. Ancient records of eclipses have been used to precisely date events in the remote past when other means are inconclusive.

*La synchronisation et le positionnement d'une éclipse solaire totale dépend des mouvements combinés de la Lune, du soleil et la Terre. Les prédire a été une préoccupation des astronomes depuis des millénaires. Les éclipses totales ne se répètent pas correctement dans un endroit donné terrestre, mais se répètent souvent au bout de 54 ans, et à environ 1000 kilomètres à l'ouest de l'un dans la même série Saros. Les documents anciens d'éclipses ont été utilisées pour dater précisément des événements dans le passé à distance lorsque les autres moyens ne sont pas concluants.*

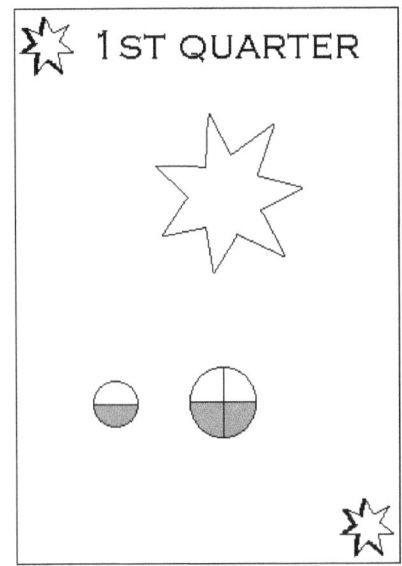

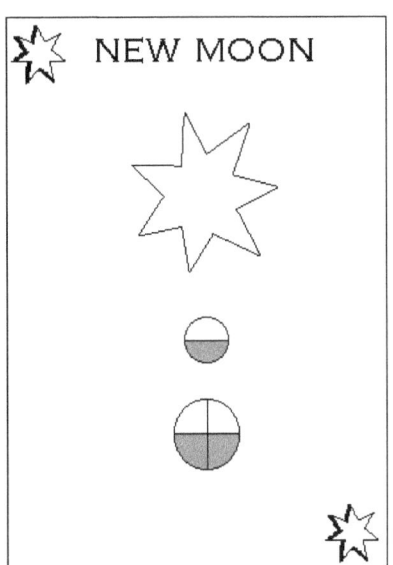
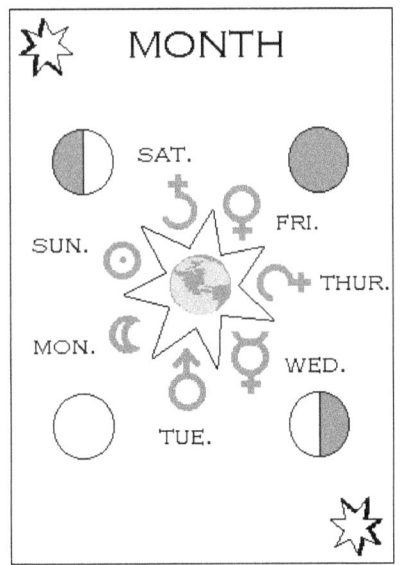
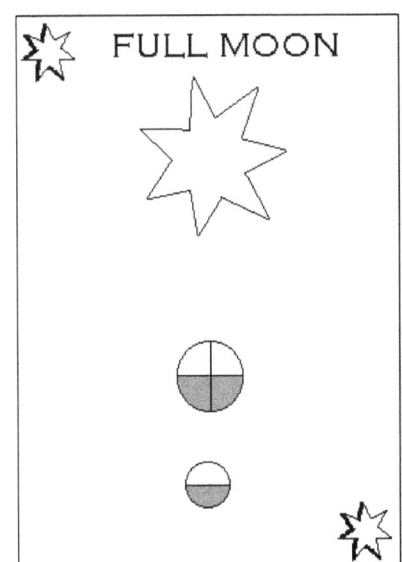
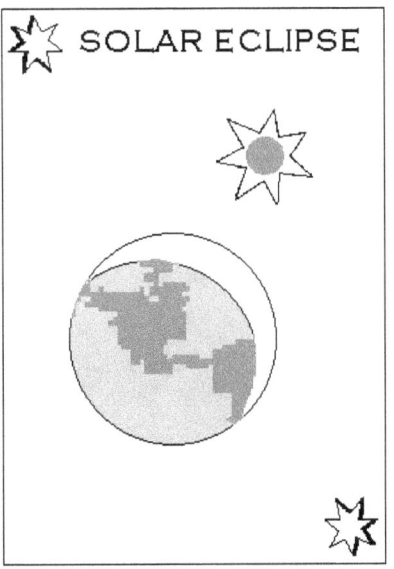
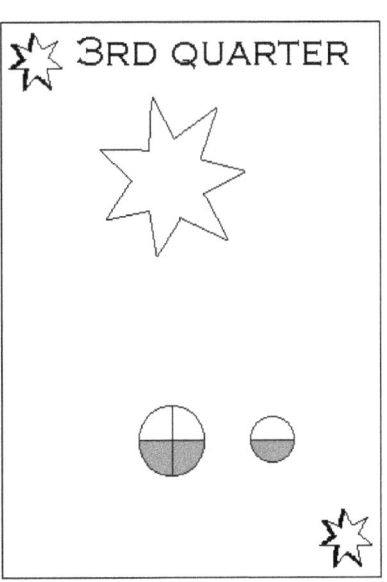

Où?

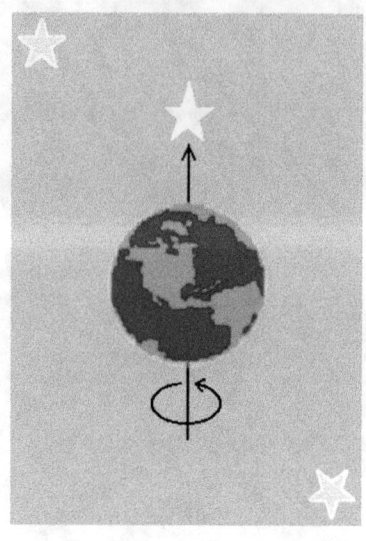

# Boussole

At night the sky full of heavenly bodies appears to slowly circle the poles. In the north there is one pole star that doesn't appear to move. The sun and often the moon appear to circle the same way during the day, rising in the east and setting in the west. This apparent celestial circling motion is due to the rotation of the earth around its *Polar Axis*, west to east.

*La nuit, le ciel plein de corps célestes semble encercler lentement les pôles. Dans le nord il y a une étoile polaire qui ne semble pas se déplacer. Le soleil et la lune souvent semblent cercler de la même façon pendant la journée, se levant à l'est et se couchant à l'ouest. Ce mouvement céleste apparent et indirecte est due à la rotation de la terre autour de son axe polaire, de l'ouest à l'est.*

A crescent moon associated with a setting sun is a waxing moon. A crescent moon associated with a rising sun is a waning moon.

*Un croissant de lune associée à un soleil couchant est une lune croissante. Un croissant de lune associée à un soleil levant est une lune décroissante.*

# NORTH

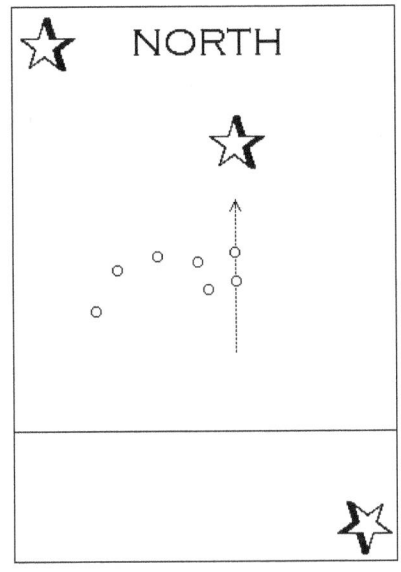

# WEST

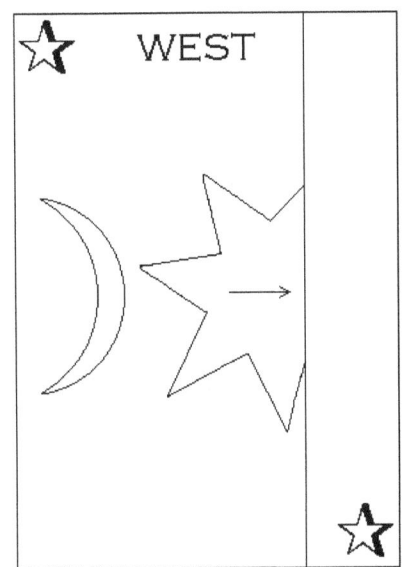

# POLAR AXIS

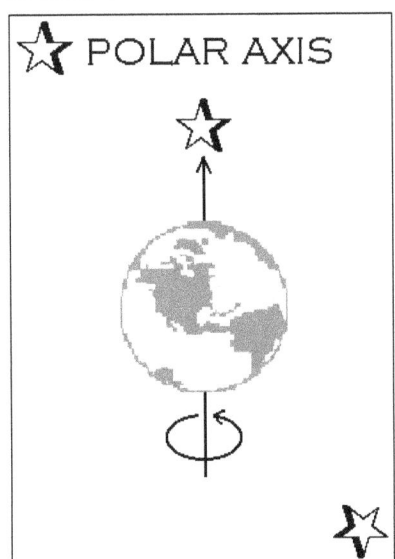

# EAST

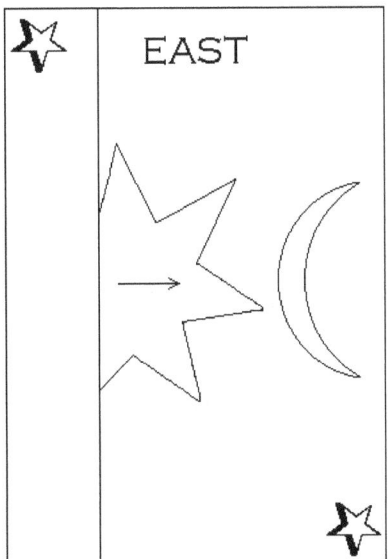

# SOUTH

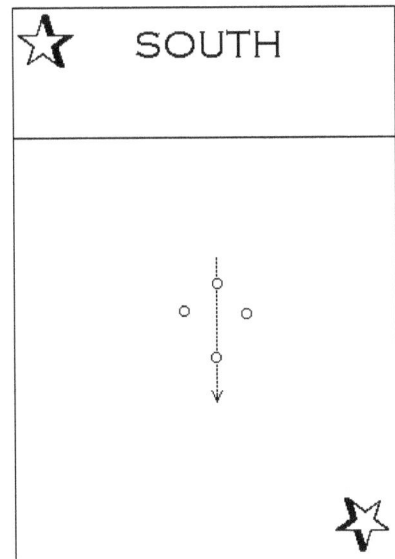

♉♈♓♒
♊♑
♋♐
♌♍♎♏

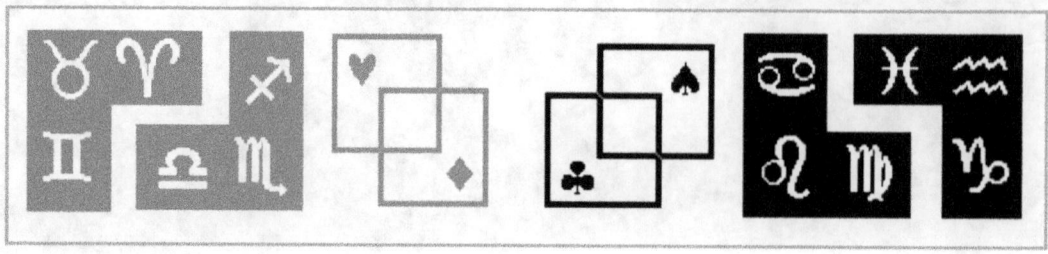

# l'écliptique

Every year the sun appears to retrace a path through the stars, called the ecliptic. The apparent motions of the moon and the planets are confined to a region near the ecliptic. Solar and lunar eclipses only happen when the moon crosses the ecliptic.

*Chaque année, le soleil semble revenir sur un chemin à travers les étoiles, appelé l'écliptique. Les mouvements apparents de la Lune et les planètes sont limitées à une région près de l'écliptique. Les éclipses solaires et lunaires ne se produisent que lorsque la Lune traverse l'écliptique.*

The moon goes through its phases about 12 times in a year prompting the division of the sun's progress along the ecliptic into twelve sections. These divisions are roughly marked by the constellations of the zodiac. They were devised over 5,000 years ago.

*La lune passe par ses phases environ 12 fois au cours d'une année qui incite la division des progrès le long de l'écliptique du soleil en douze sections. Ces divisions sont à peu près marquées par les constellations du zodiaque. Ils ont été mis au point il y a plus de 5000 ans.*

The 52 cards of a standard deck are divided into 4 equal suits, like a year of 52 weeks divided into 4 seasons. One common convention ranks the suits high to low: spades, hearts, clubs, diamonds, the order used on the Puzzle card back shown on the back cover. Also shown on the back cover, the 12 Ecliptic cards comprise two suits: one associated with the black suits of a standard deck and one associated with the red suits.

*Les 52 cartes d'un jeu standard sont divisés en 4 couleurs égales, comme une année de 52 semaines divisé en 4 saisons. Une convention commune classe les couleurs de haut en bas: pique, cœur, trèfle, carreau, l'ordre utilisé par le Puzzle, comme c'est est indiqué sur la couverture arrière. On voit également sur la couverture de dos, les 12 cartes écliptiques comprenant deux couleurs: une associée aux noires d'un jeu standard et une associée aux rouges.*

The sun appears in these constellations on these dates:
*Le soleil apparaît dans ces constellations sur ces dates:*

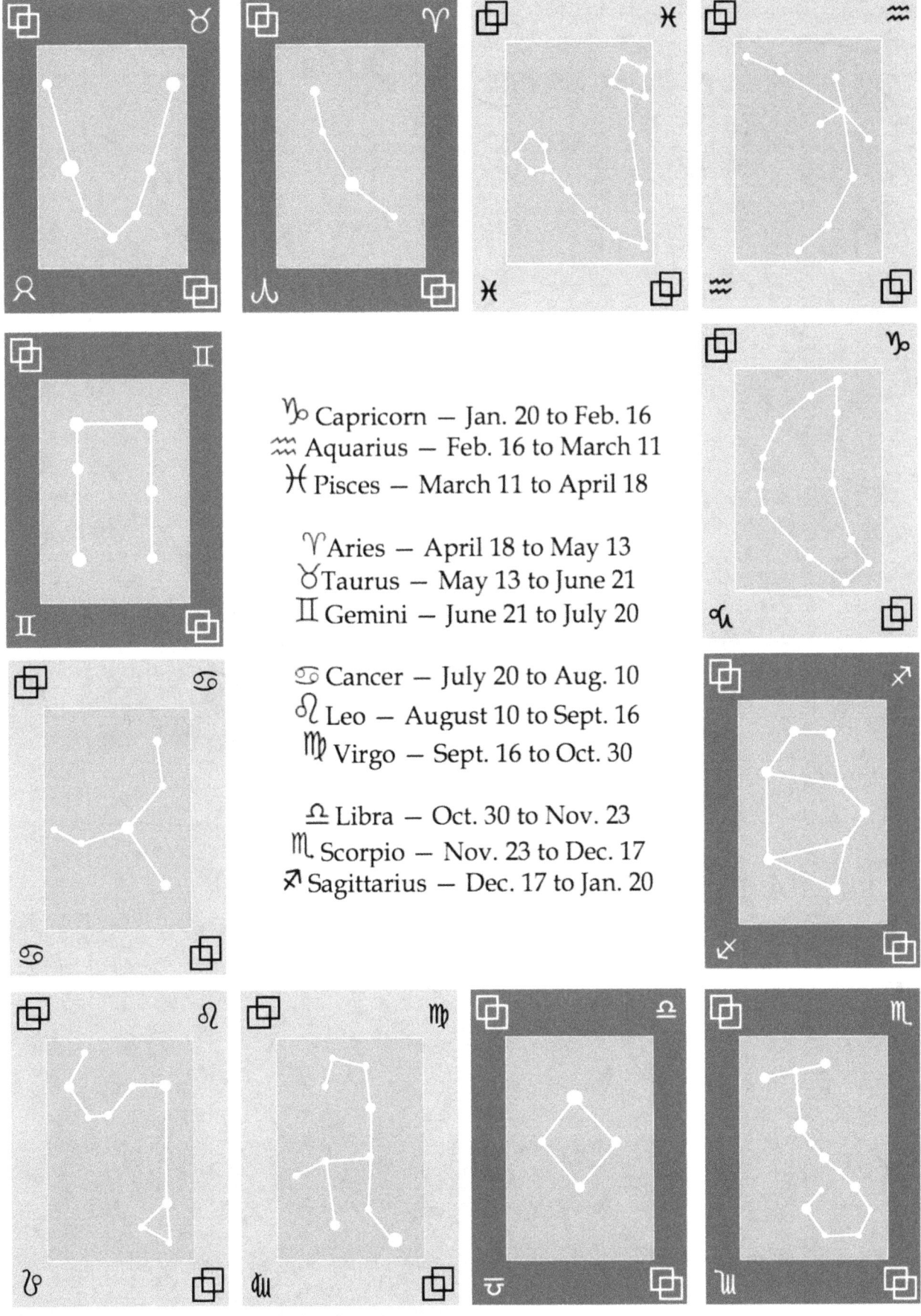

♐♏︎♎︎♍︎♌︎♋︎♊︎♉︎♈︎♓︎♒︎
♑︎♐︎♏︎♎︎♍︎♌︎♋︎♊︎♉︎♈︎♓︎♒︎
♒︎♑︎♐︎♏︎♎︎♍︎♌︎♋︎♊︎♉︎♈︎♓︎
♓︎♒︎♑︎♐︎♏︎♎︎♍︎♌︎♋︎♊︎♉︎♈︎
♈︎♓︎♒︎♑︎♐︎♏︎♎︎♍︎♌︎♋︎♊︎♉︎
♉︎♈︎♓︎♒︎♑︎♐︎♏︎♎︎♍︎♌︎♋︎♊︎
♊︎♉︎♈︎♓︎♒︎♑︎♐︎♏︎♎︎♍︎♌︎♋︎
♋︎♊︎♉︎♈︎♓︎♒︎♑︎♐︎♏︎♎︎♍︎♌︎
♌︎♋︎♊︎♉︎♈︎♓︎♒︎♑︎♐︎♏︎♎︎♍︎
♍︎♌︎♋︎♊︎♉︎♈︎♓︎♒︎♑︎♐︎♏︎♎︎
♎︎♍︎♌︎♋︎♊︎♉︎♈︎♓︎♒︎♑︎♐︎♏︎
♏︎♎︎♍︎♌︎♋︎♊︎♉︎♈︎♓︎♒︎♑︎♐︎
♐︎♏︎♎︎♍︎♌︎♋︎♊︎♉︎♈︎♓︎♒︎♑︎
♑︎♐︎♏︎♎︎♍︎♌︎♋︎♊︎♉︎♈︎♓︎♒︎

# Jeux

As play things and conversation pieces, Cosmic Puzzle cards can be introduced around age two. Older playmates and caregivers are encouraged to use them with preverbal children for free play or spontaneously structured games. Many familiar games played with a standard deck can be adapted for the Cosmic Puzzle.

*Comme objets de jeux et des amorces de conversation, les cartes du Puzzle Cosmique peuvent être introduits autour de l'âge de deux ans. Les joueurs plus âgés et les soignants sont encouragés à les utiliser avec les enfants préverbaux pour le jeu libre ou les jeux spontanément structurés. De nombreux jeux familiers joué avec un jeu standard peuvent être adapté pour le Puzzle Cosmique.*

Becoming familiar with the cards is the first step towards using them for conventional card play. The card back is pictured on the back cover and shows how the 52 spades, hearts, clubs, and diamonds, the **12 Ecliptic cards**, and the other **36 Puzzle cards** all fit neatly into a 10 x 10 grid. The 36 are represented by the color of their 6 suit symbols; this provides a quick reference for how many cards are in each suit. The fronts of the 36 are on the front cover. The fronts of the 12 are on the back cover.

*Se familiariser avec les cartes est la première étape vers les utiliser pour le jeu de cartes classique. Les dos de la carte est représenté sur la couverture arrière et montre comment les 52 piques, cœurs, trèfles et carreaux, les 12 cartes écliptique, et les autres 36 cartes pictographique tiennent parfaitement dans une grille de 10 x 10. Les 36 sont représentés par la couleur de leurs 6 symboles de couleur; cela fournit une référence rapide pour le nombre de cartes dans chaque couleur. Les faces des 36 se trouvent sur le couvercle avant. Les faces des 12 sont sur la couverture arrière.*

Included in the Millennium Edition, but not shown on the book cover are **6 Text cards**, which give rhyming clues in English about the meaning of each question suit. The 6 Text cards may be included in their respective suits, used as spares, or wild cards. A **Title card** is included, too, but not shown on the book cover. It is best used as a wild card or set aside for use as a spare.

*Inclus dans le Millennium Edition, mais ne figurant pas sur la couverture du livre sont 6 cartes de texte, qui donnent des indices qui riment en anglais sur la signification de chaque couleur. Les 6 cartes de texte peuvent être inclus dans leurs couleurs respectifs, utilisés comme pièces de rechange, ou des àtouts. Une carte de titre est inclus aussi, mais ne figure pas sur la couverture du livre. Il est préférable de l'utiliser comme une àtout ou la mettre de côté pour être utilisé comme pièce de rechange.*

# Matrix

The 12 Ecliptic cards, the other 36 Puzzle cards, and the 6 Text cards are arranged on six 3x3 grids, as shown below. The same grids are printed two to a page on following pages. Those can be cut out or copied and used in play. Grids are distributed equally, one or more to a player.

*Les 12 cartes écliptique, les 36 autres cartes du Puzzle et les 6 cartes de texte sont disposées sur six grilles 3x3, comme indiqué ci-dessous. Les mêmes grilles sont imprimées deux par page sur les pages suivantes. Ceux-ci peuvent être découpés ou copiés et utilisés dans le jeu. Les grids sont répartis de manière égale, un ou plusieurs par joueur.*

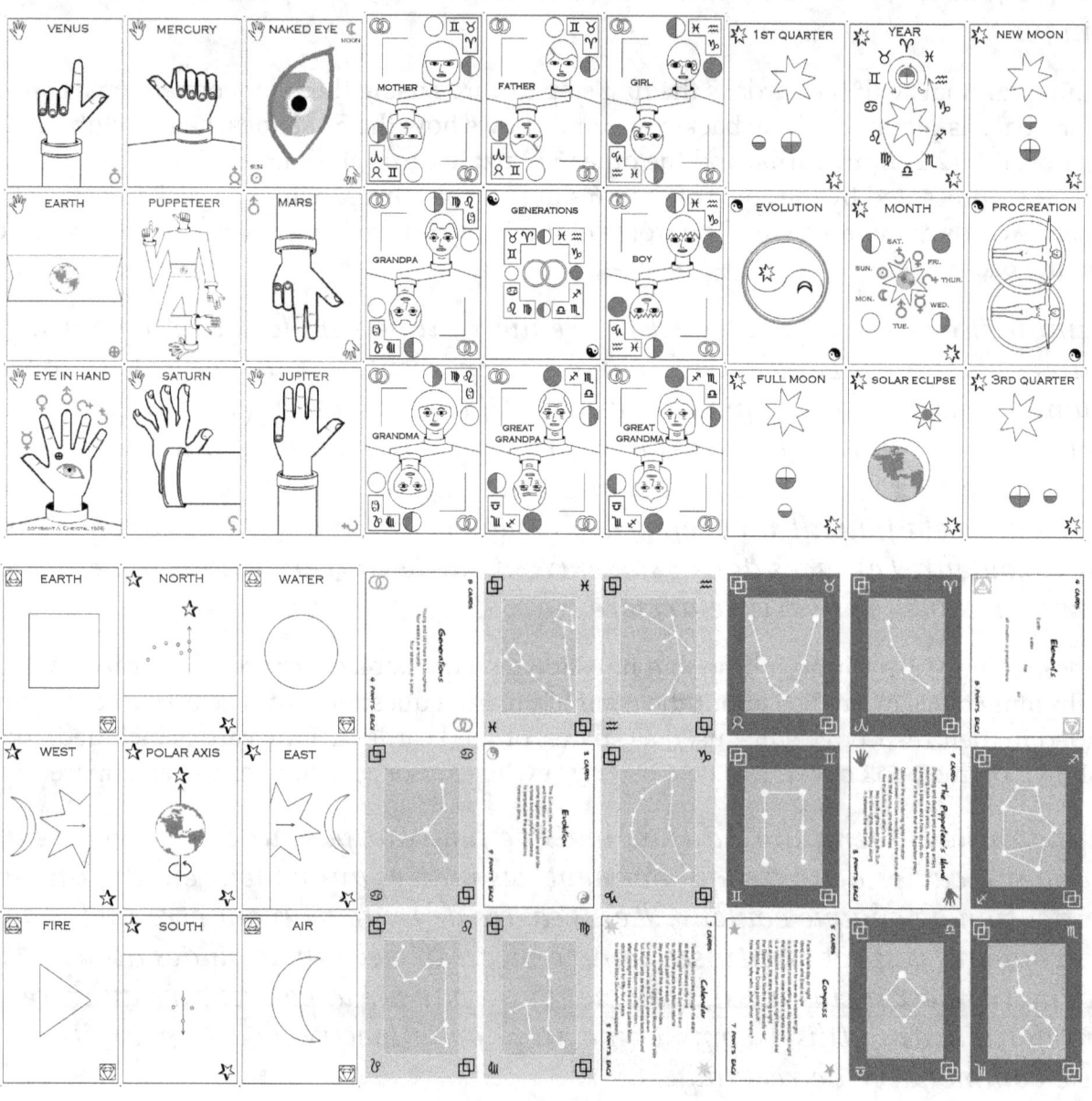

Each player starts with 9 tokens (such as pennies) for each grid being played. The deck is shuffled well and placed face down. Cards are turned up one at a time. If a card appears on a player's grid, a token is placed on the space where it appears. The first player to get 3 tokens in a line (row, column, or diagonal) and declare a "matrix" wins the round. All players surrender the tokens they have placed so far to the winner of the round. Between rounds players exchange 1 or more grids and the whole deck is shuffled well. Play continues until any player has fewer than 3 tokens between rounds, or some other agreed upon time limit is reached, or number of rounds has been played. The player with the most tokens wins.

*Chaque joueur commence avec 9 jetons (comme quelques centimes) par grille en jeu. Les cartes sont bien mélangée et placée face cachée. Les cartes sont retournées une à la fois. Si une carte apparaît sur la grille du joueur, il place un jeton sur l'espace où il apparaît. Le premier joueur qui aligne 3 jetons (en ligne, colonne ou diagonale) et qui déclare « Matrix » remporte la partie. Tous les joueurs donnent les jetons qu'ils ont joués au vainqueur de la partie. Entre les parties les joueurs échangent 1 ou plusieurs grilles et les cartes sont bien mélangées. Le jeu continue jusqu'à ce qu'un joueur a moins de 3 jetons à la fin d'une partie ou une limite convenue de temps est atteinte, ou le nombre convenu de parties a été joué. Le joueur avec le plus de jetons gagne.*

## 3D Matrix

Similar to Matrix, but for 2 players each playing 3 grids, as if stacked in layers. Before each round players take turns choosing and arranging new grids. In addition to row, column, and diagonal alignments on a single layer, 3 tokens may be lined up one layer to the next as if stacked vertically or diagonally.

*Semblables à Matrix, mais pour 2 joueurs jouant chacun 3 grilles, comme si elles sont empilées en couches. Avant chaque partie, les joueurs, à tour de rôle, le choisit et organise de nouvelles grilles. En plus de la ligne, la colonne, et les alignements en diagonale sur une seule couche, 3 jetons peuvent être alignés une couche à la suivante, comme si empilés verticalement ou en diagonale.*

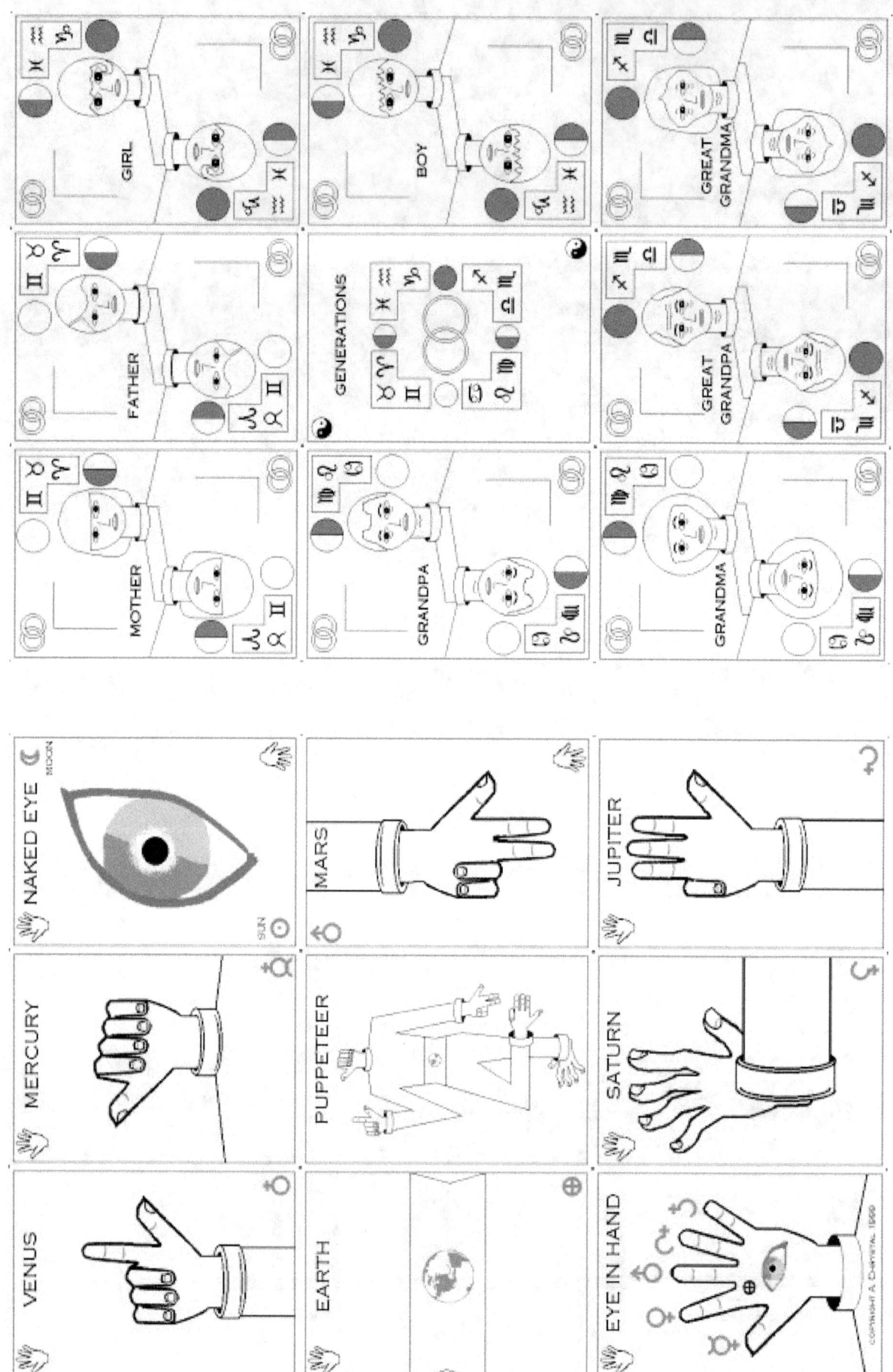

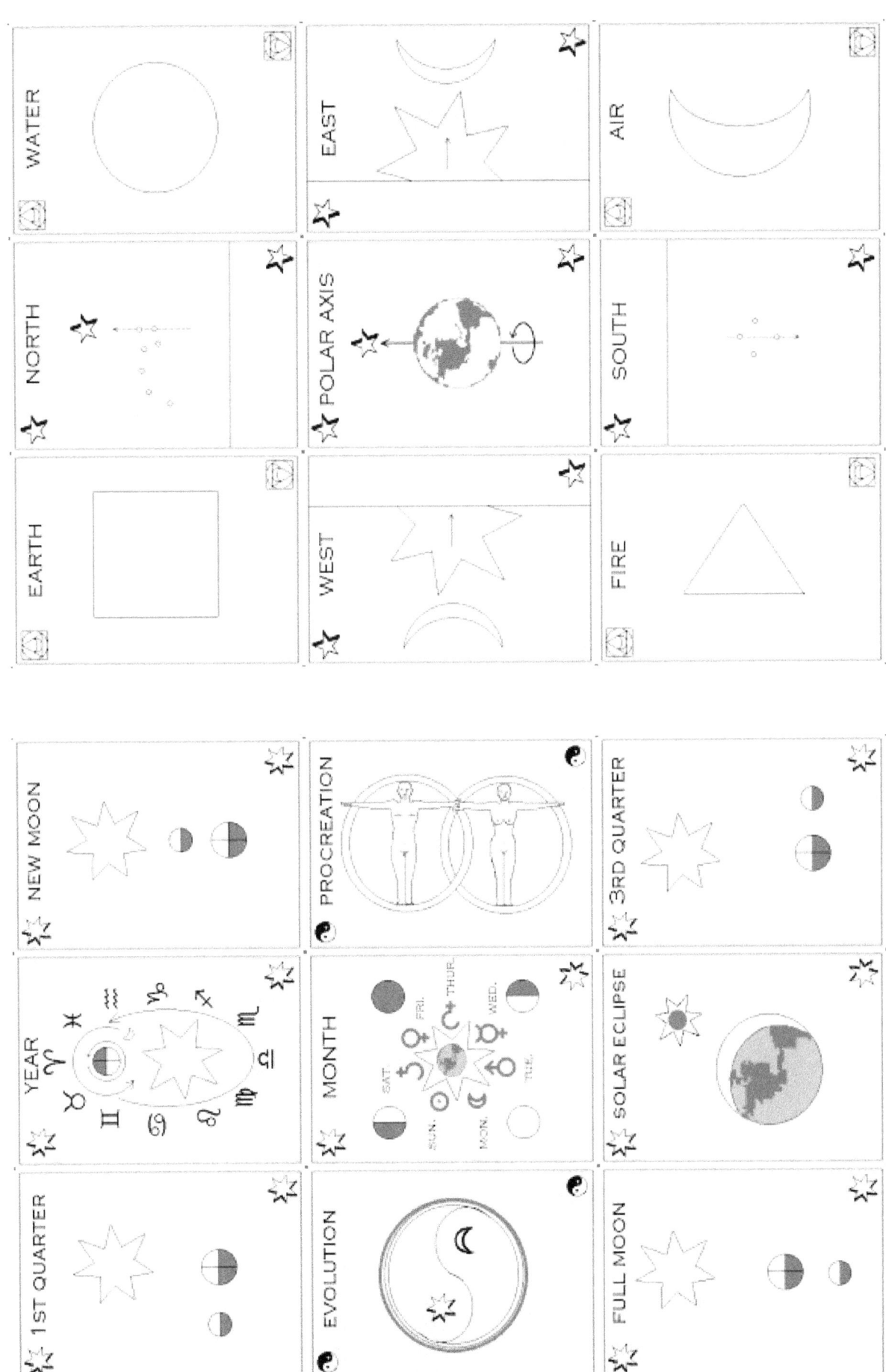

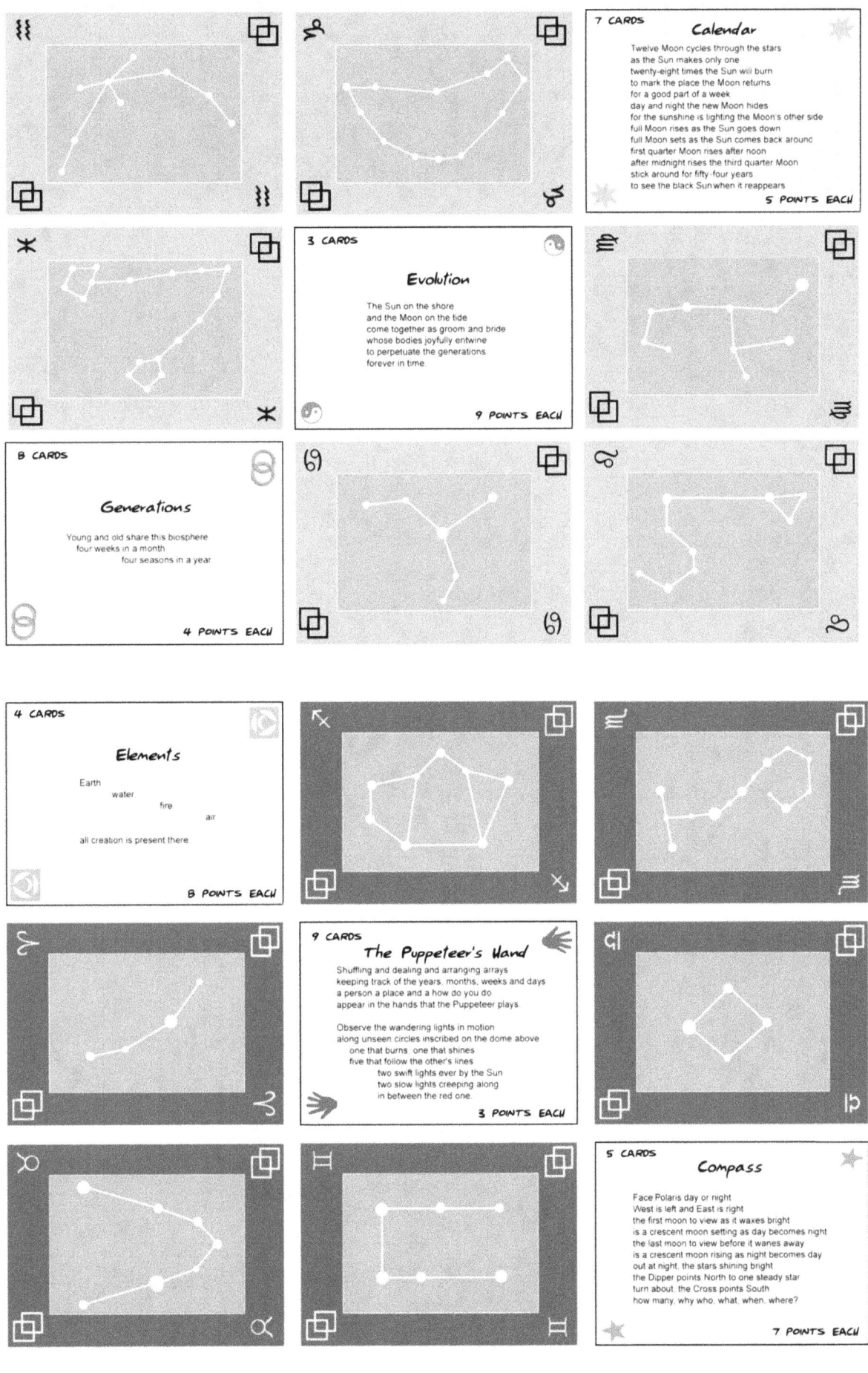

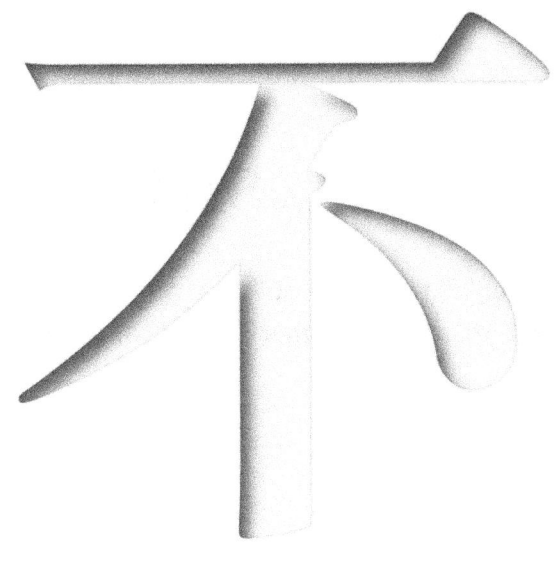

# bú shì

Meaning "is not", or "no"; literally "not is".
*Signification « n'est pas », ou « non »; littéralement « non est ».*

This sort of bluffing and challenging game is known by many names when played with standard playing cards.

*Ce jeu de tromperie et de confrontation est connu sous plusieurs noms parmi les jeux de cartes standards.*

For 3 or more players, the object is to be the first to get rid of all the cards in your hand. Remove the Title card and the 12 Ecliptic cards from the deck. Shuffle and deal the remaining 42 cards evenly to all players, using any cards left over to start the discard pile face down in the middle of the play area.

*Pour 3 joueurs ou plus, l'objet est d'être le premier à se débarrasser de toutes ses cartes. Retirez la carte Titre et les 12 cartes écliptiques du jeu. Mélangez et distribuez les 42 cartes restantes à égalité entre tous les joueurs, en utilisant les cartes restantes pour commencer la pile de défausse face cachée au milieu de l'aire de jeu.*

Players take turns discarding onto the pile while verbally asserting the number and suit of the cards shed. Every player in turn must assert that they are discarding at least 1 card from the featured suit. The featured suits proceed through the rainbow. The 1st player asserts that they are discarding red ✋, the 2nd player asserts that they are discarding orange ⚭, the next yellow ✦, then green ☆, blue ⟁, and violet ☯. Then start again with red.

*Les joueurs se relaient sur la pile en rejetant, tout en affirmant verbalement le nombre et la couleur des cartes rejetées. Chaque joueur à son tour, doit affirmer qu'il a défaussé au moins 1 carte de la couleur sélectionnée. Les couleurs passent dans l'ordre de l'arc en ciel. Le 1er joueur affirme qu'il a: défaussé rouge, le 2ème joueur affirme qu'il a défaussé orange, le prochain jaune, puis vert, bleu et violet. Puis commencez à nouveau avec le rouge.*

If one player suspects that any of another player's cards **IS NOT** what they say it is, they may challenge the other player by immediately declaring **"bú shì!"** before anyone else discards. The challenged player then has to turn face up all the cards they just discarded. If they were bluffing they have to add the entire discard pile to their hand. If they weren't bluffing the challenger must add the entire discard pile to their hand.

*Si un joueur soupçonne que l'une des cartes d'un autre joueur n'est pas ce qu'il dit, il peut contester l'autre joueur en déclarant immédiatement « bú shì! » avant le rejet du joueur suivant, ou tout autre joueur. Le joueur contesté doit alors montrer la face de toutes les cartes qu'il vient de rejeter. S'il bluffait, ils doit rajouter toute la pile de défausse à sa main. S'ils ne bluffait pas le contestataire doit rajouter toute la pile de défausse à sa main à lui.*

## Solitaire

Suitable for coloring and for solitary play such as sorting or matching activities, the 54 Puzzle and Text cards in the Millennium Edition of The Puppeteer's Cosmic Puzzle are presented below as grids of labeled line drawings, 9 cards to a page. These are nearly to scale and serve as a reference for learning the names of the cards as well as the meaning of the sun/moon/planet ciphers, and their associated weekdays.

*Convient pour la coloration et pour le jeu solitaire tels que le tri ou les activités correspondant, les 54 cartes du Puzzle et du texte dans l'édition du millénaire du Puzzle Cosmique du Marionnettiste sont présentés ci-dessous comme des grilles de dessins étiquetés, 9 cartes à une page. Ceux-ci sont presque à l'échelle et servent de référence pour l'apprentissage des noms des cartes ainsi que le sens du soleil / lune / planète chiffrements, et leurs associés en semaine.*

For other games, go to: cosmicpuzzle.com/games.htm
For tips on pseudopsychic readings, go to: cosmicpuzzle.com/divination.htm
For the related board game Total Eclipse, go to: thegamecrafter.com/games/total-eclipse

*Pour les autres jeux, allez à:*
*cosmicpuzzle.com/games.htm*

*Pour obtenir des conseils sur les lectures pseudopsychic, allez à:*
*cosmicpuzzle.com/divination.htm*

*Pour le jeu de société liées Total Eclipse, aller à:*
*thegamecrafter.com/games/total-eclipse*

不是不是不是不
是不是不是不是
不是不是不是不
是不是不是不是
不是不是不是不
是不是不是不是
不是不是不是不
是不是不是不是

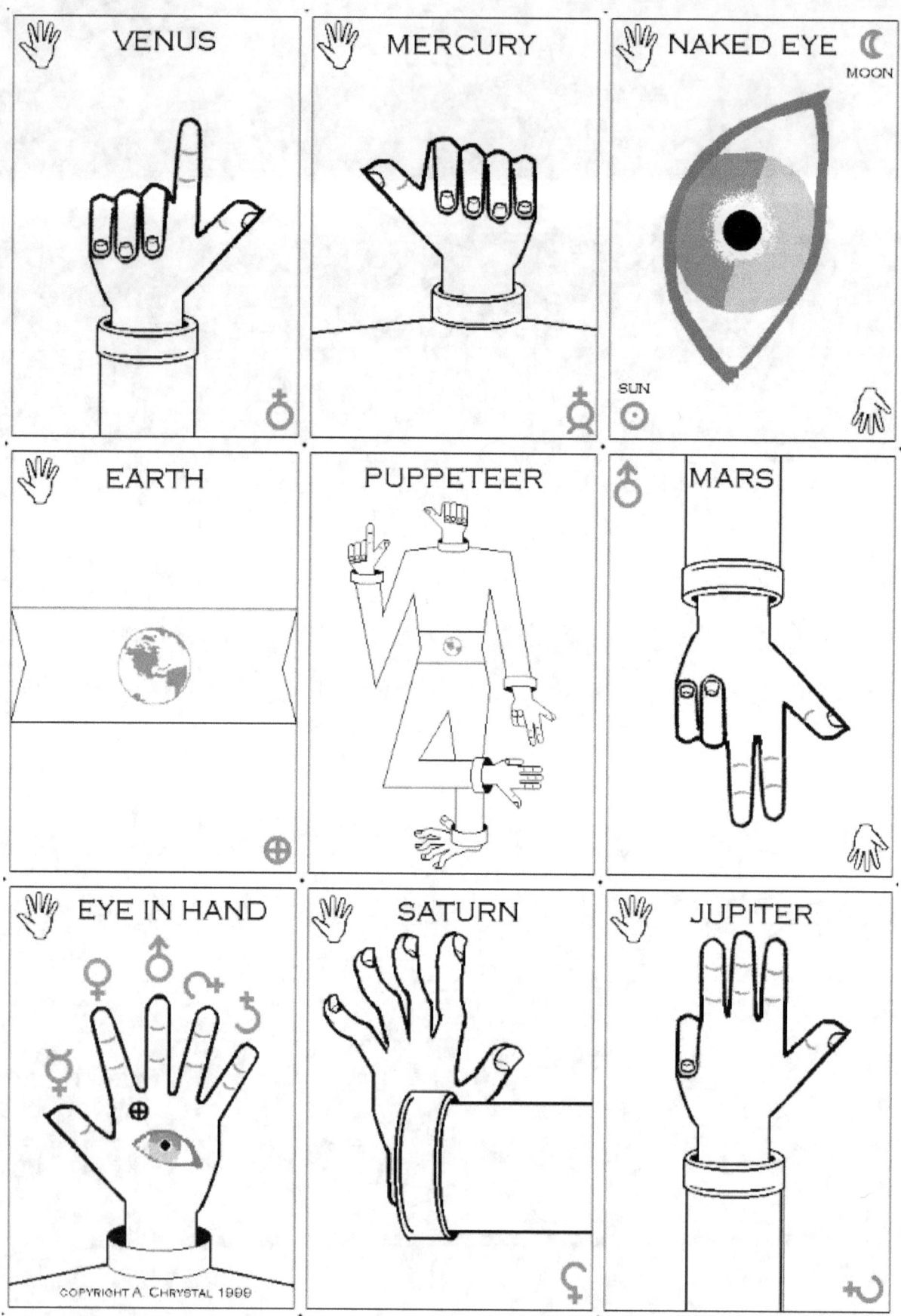

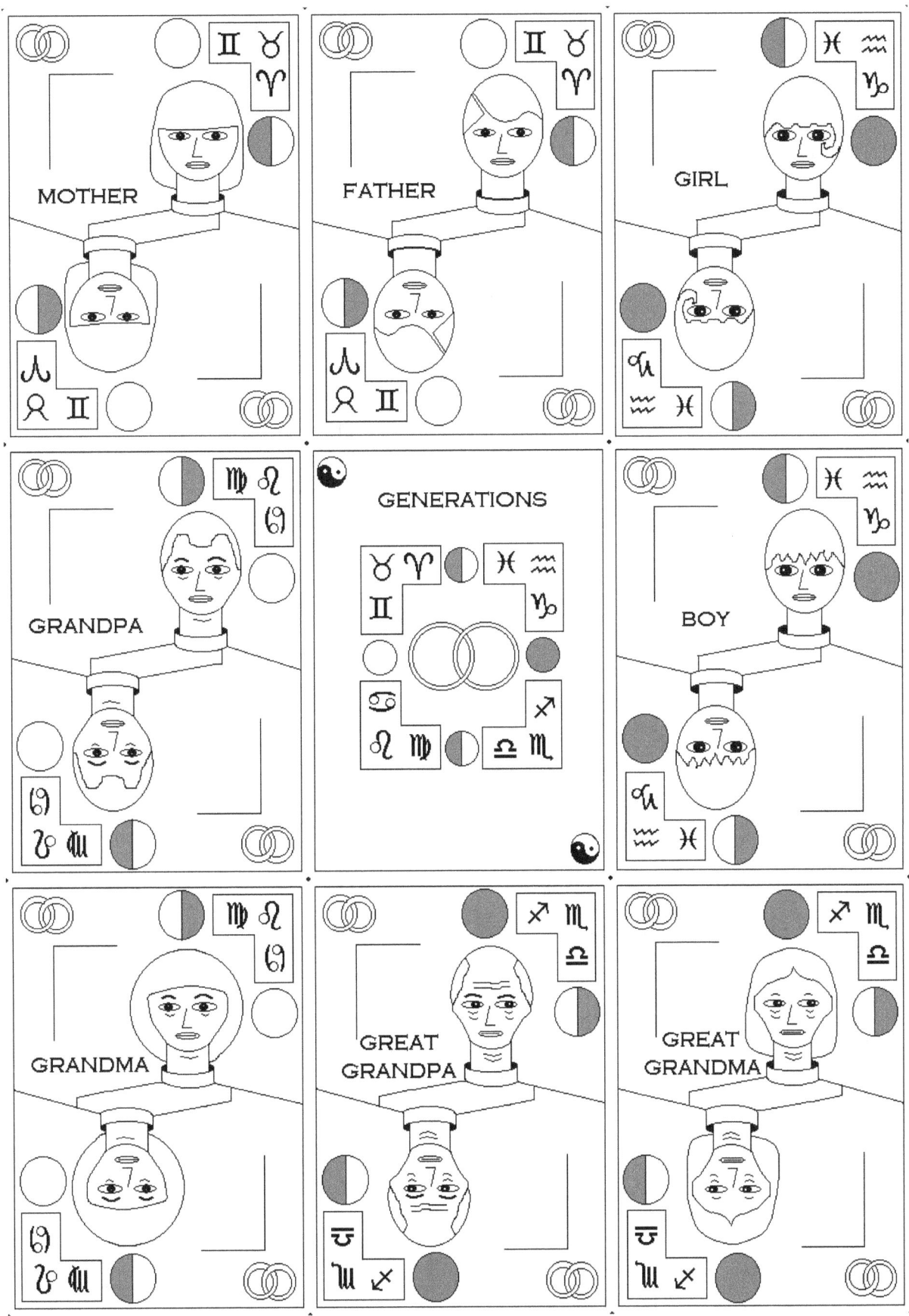

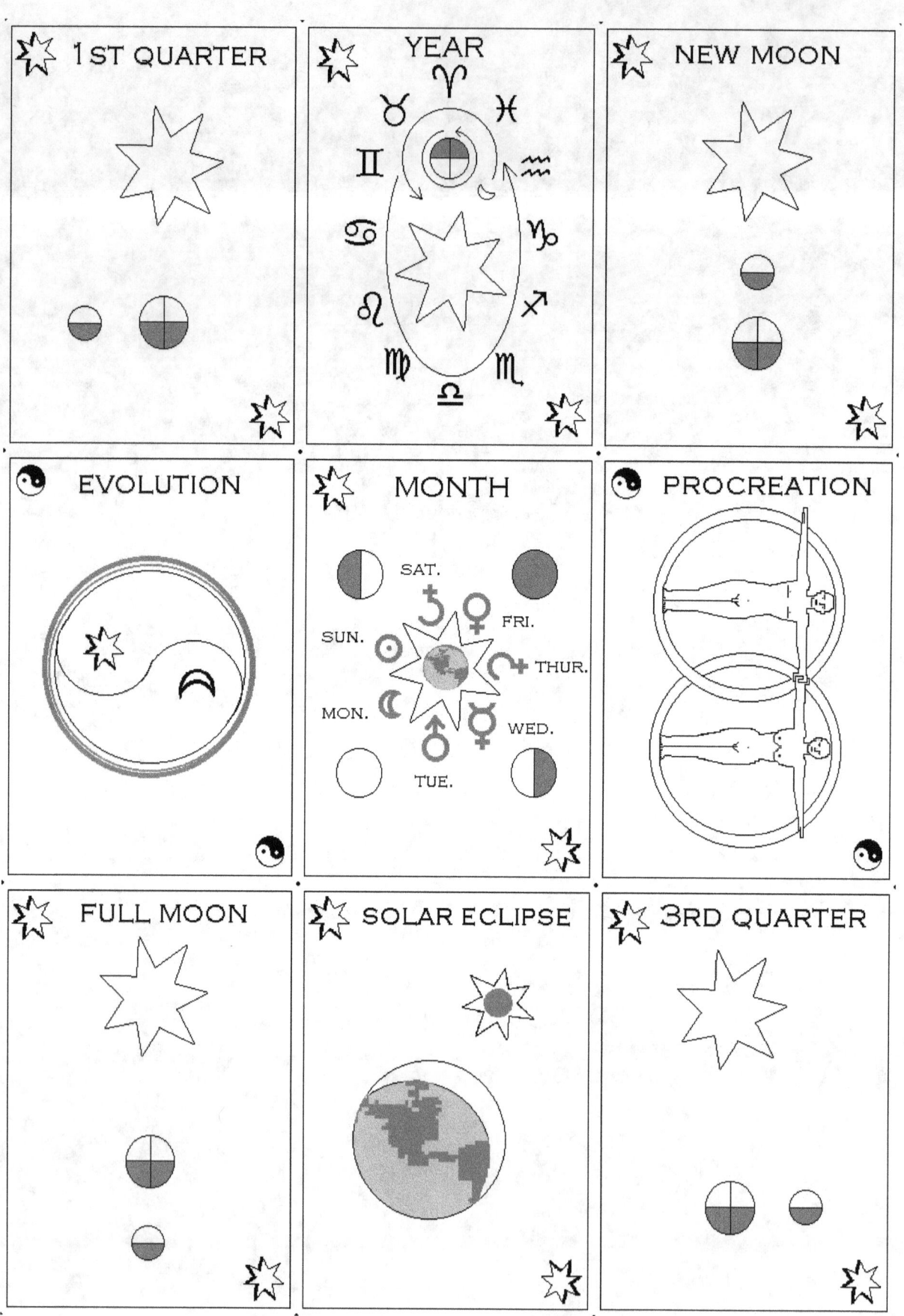

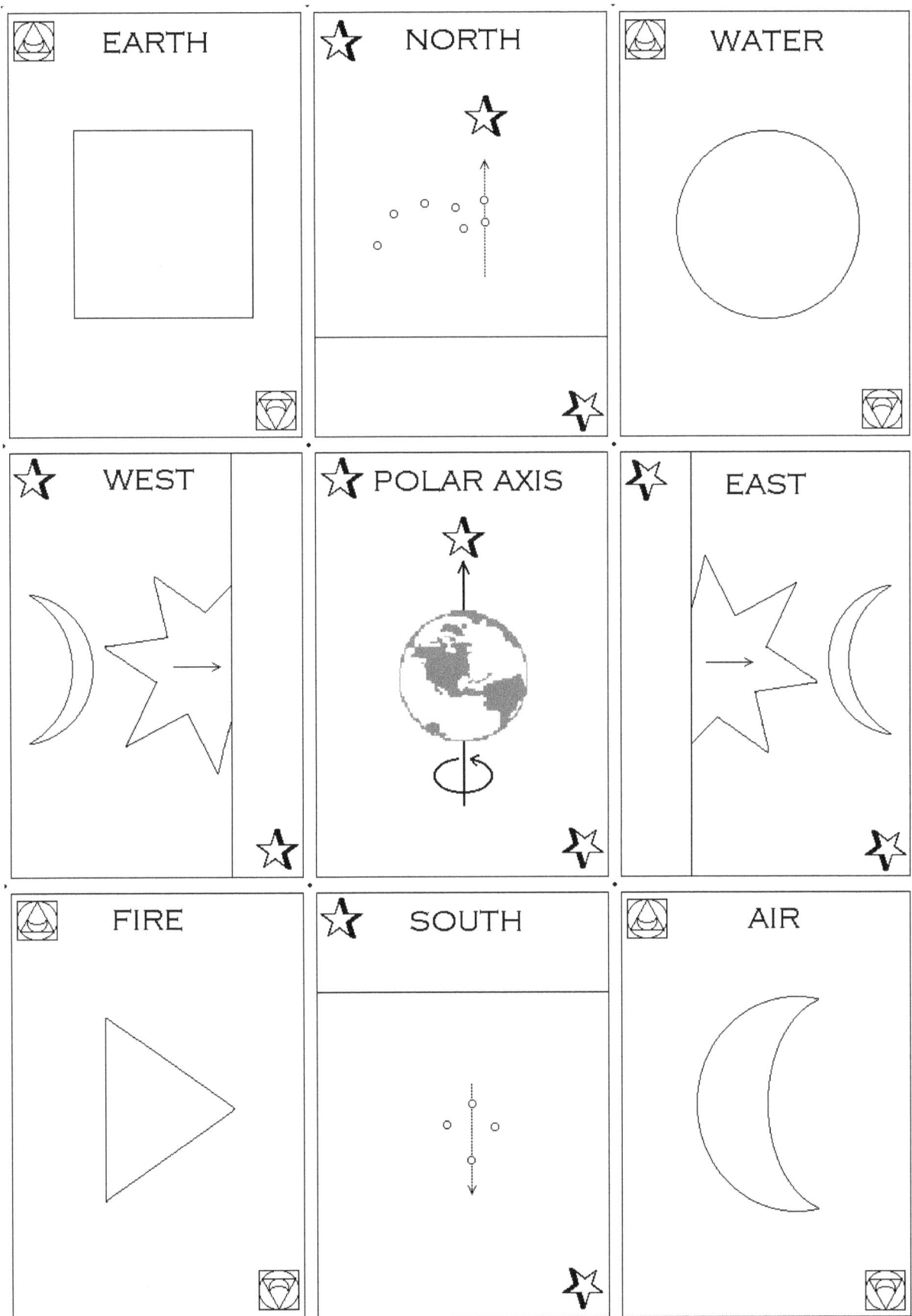

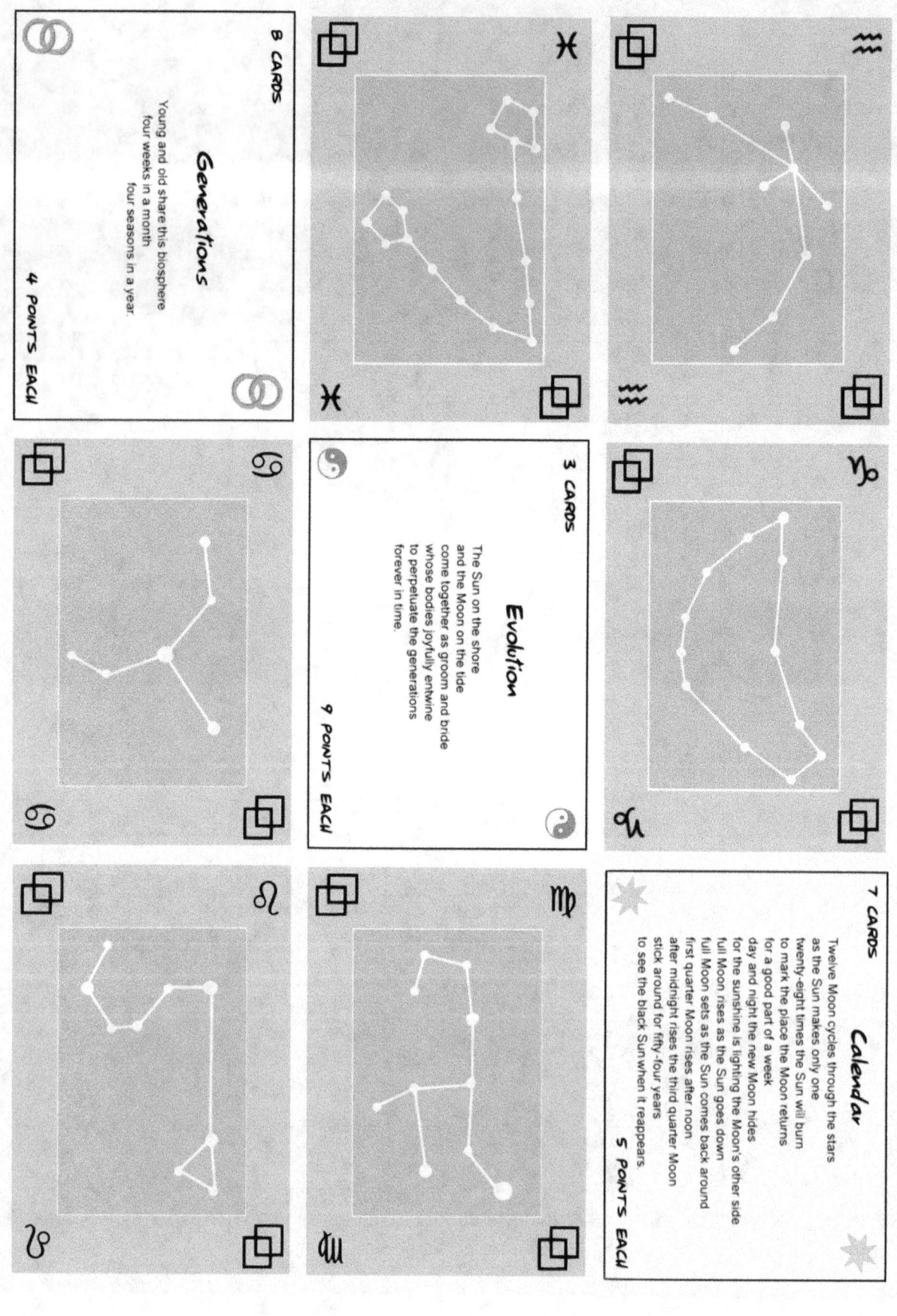

## 4 CARDS

### Elements

Earth
　water
　　　fire
　　　　　air

all creation is present there

**8 POINTS EACH**

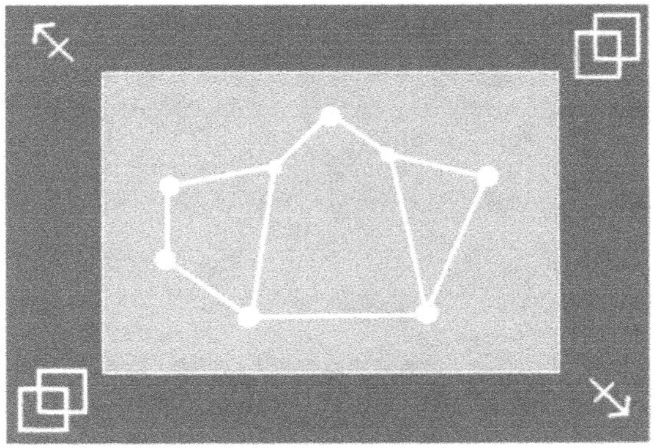

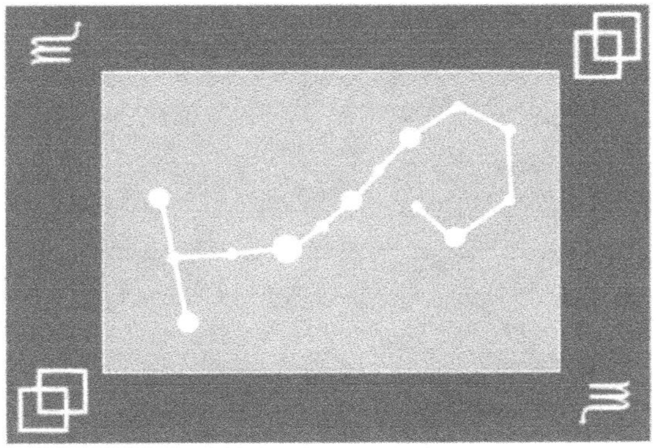

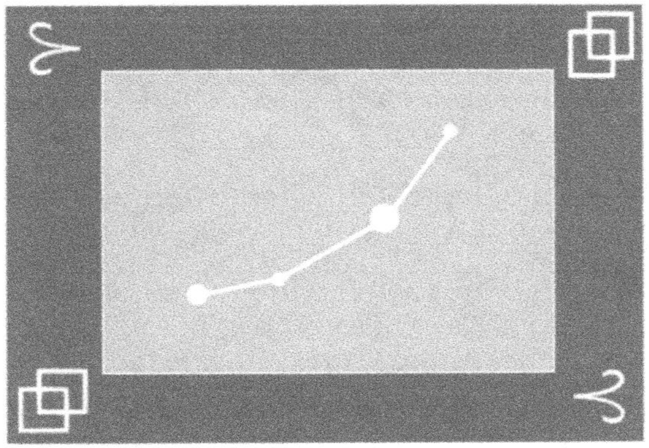

## 9 CARDS

### The Puppeteer's Wand

Shuffling and dealing and arranging arrays
keeping track of the years, months, weeks and days
a person a place and a how do you do
appear in the hands that the Puppeteer plays

Observe the wandering lights in motion
along unseen circles inscribed on the dome above
one that burns, one that shines
five that follow the other's lines
two swift lights ever by the Sun
two slow lights creeping along
in between the red one.

**3 POINTS EACH**

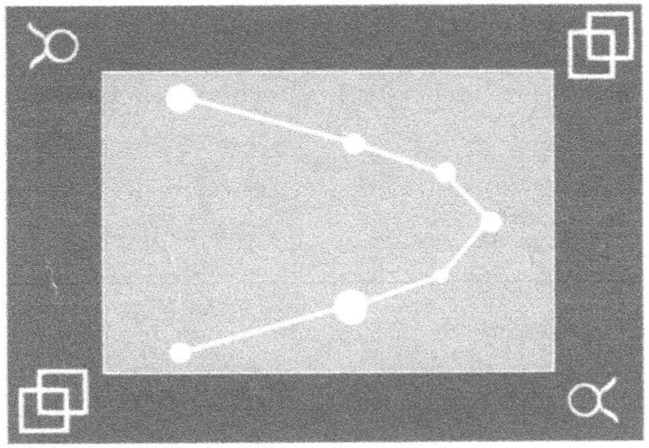

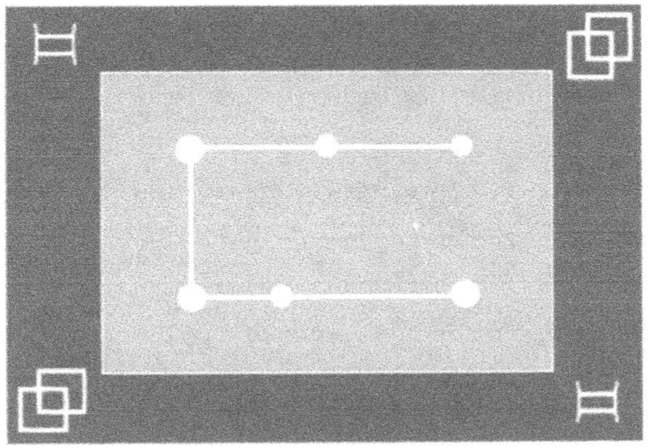

## 5 CARDS

### Compass

Face Polaris day or night
West is left and East is right
the first moon to view as it waxes bright
is a crescent moon setting as day becomes night
the last moon to view before it wanes away
is a crescent moon rising as night becomes day
out at night, the stars shining bright
the Dipper points North to one steady star
turn about, the Cross points South
how many, why who what, when, where?

**7 POINTS EACH**

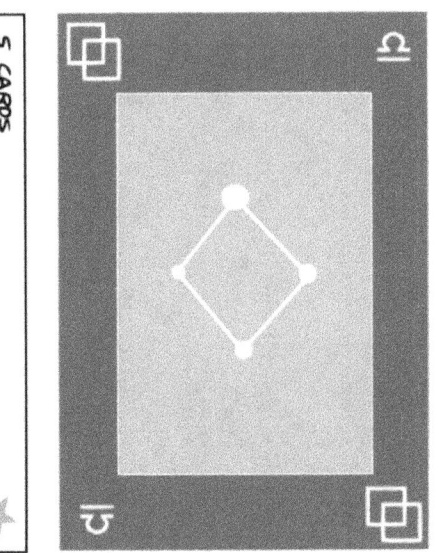

*Thanks to Kathy and Jean-Claude Labbez for fine-tuning the French translation.*

# The Puppeteer's Cosmic Puzzle: big answers to little questions

*is available in bilingual versions, including*

Le Puzzle Cosmique du Marionnettiste

Rompecabezas Cosmico del Titiritero

die Kosmischen Rätsel der Puppenspieler

*bilingual machine translations*

The Puppeteer's Cosmic Puzzle:

English with a machine translation into traditional Chinese

English with a machine translation into Chinese (simplified)

English with a machine translation into Japanese

a machine translation into Icelandic

*a trilingual machine translation*

The Puppeteer's Cosmic Puzzle: Big Answers to Little Questions,

English with machine translations into Chinese (simplified) & Malay

*and a monolingual machine translation*

The Puppeteer's Cosmic Puzzle:

a machine translation into Chinese (simplified)

www.ingramcontent.com/pod-product-compliance
Lightning Source LLC
Chambersburg PA
CBHW080529220526
45465CB00006B/2650